AF388056

Ernst Probst

Deutschland im Eiszeitalter

Klima, Landschaft, Pflanzen und Tiere vor 2,6 Millionen bis 11.700 Jahren

Diplomica Verlag GmbH

Probst, Ernst: Deutschland im Eiszeitalter: Klima, Landschaft, Pflanzen und Tiere vor 2,6 Millionen bis 11.700 Jahren. Hamburg, Diplomica Verlag GmbH 2014

Buch-ISBN: 978-3-8428-7305-6
PDF-eBook-ISBN: 978-3-8428-2305-1
Druck/Herstellung: Diplomica® Verlag GmbH, Hamburg, 2014
Covermotiv: ©Fotolia

Bibliografische Information der Deutschen Nationalbibliothek:
Die Deutsche Nationalbibliothek verzeichnet diese Publikation in der Deutschen Nationalbibliografie; detaillierte bibliografische Daten sind im Internet über http://dnb.d-nb.de abrufbar.

Meiner Ehefrau Doris
gewidmet

Inhalt

Vorwort

Gletscher bis Dresden
und Fürstenfeldbruck

Das Taschenbuch „Deutschland im Eiszeitalter" des Wiesbadener Wissenschaftsautors Ernst Probst schildert den wechselvollen Verlauf der von starken Klimaschwankungen geprägten Epoche der Erdgeschichte vor etwa 2,6 Millionen bis 11.700 Jahren. In diesem Zeitabschnitt, der Eiszeitalter oder Pleistozän genannt wird, gab es Warmzeiten, in denen zwischen Nordseeküste und Alpenrand ähnliche Verhältnisse wie heute in Afrika herrschten. Andererseits rückten in Eiszeiten die Gletscher aus dem Norden bis in die Gegend von Dresden, Erfurt und Recklinghausen sowie aus dem Süden bis Biberach an der Riss, Fürstenfeldbruck und Burghausen an der Salzach vor und begruben die Landschaft unter einem dicken Eispanzer. Während der Warmphasen schwammen Flusspferde im Rhein und in anderen Flüssen. Dagegen lebten in Kaltphasen zottelige Mammute, Fellnashörner und Moschusochsen auf dem Festland. Im Eiszeitalter existierten zu unterschiedlichen Zeiten die „Heidelberg-Menschen", Neandertaler und ersten anatomisch modernen Menschen. Aus der Feder von Ernst Probst stammen auch die Taschenbücher „Rekorde der Urzeit", „Rekorde der Urmenschen", „Der Ur-Rhein", „Höhlenlöwen", „Der Mosbacher Löwe", Säbelzahnkatzen" und „Der Höhlenbär".

Naturforscher Karl Friedrich Schimper (1803–1867)

Deutschland im Eiszeitalter

Das Quartär vor etwa 2,6 Millionen Jahren bis heute ist eine der kürzesten und zugleich die jüngste Periode der Erdgeschichte, die bereits vor etwa 4,6 Milliarden Jahren begonnen hatte. Seine erste und längere Epoche ist das Pleistozän (etwa 2,6 Millionen bis 11.700 Jahre), das auch Eiszeitalter genannt wird. Die zweite und kürzere Epoche heißt Holozän, Heutzeit oder Jetztzeit. Sie begann vor etwa 11.700 Jahren und währt heute noch an.

Bei der Erforschung des Quartär leisteten deutsche Wissenschaftler entscheidende Beiträge. Der badische Naturforscher Karl Friedrich Schimper (1803–1867) prägte 1837 den Begriff „quartäre Eiszeit". Er ging damals noch von einer einzigen Eiszeit im gesamten Quartär aus. Der Berliner Geograph Albrecht Penck (1858–1945) und dessen Schüler Eduard Brückner (1862–1927) führten 1909 für das Gebiet der Alpen die heute noch in Süddeutschland gültige Gliederung in vier Eiszeiten und drei dazwischenliegende Warmzeiten ein. Die Eiszeiten (Glaziale) wurden nach den kleinen Alpenflüssen Günz, Mindel, Riss und Würm benannt, in deren Umgebung Gletscherablagerungen nachgewiesen werden konnten. Die Warmzeiten (Interglaziale) erhielten die Namen Günz-Mindel-Interglazial, Mindel-Riss-Interglazial und Riss-Würm-Interglazial.

Der Berliner Geologe Konrad Keilhack (1858–1944) schlug 1909 vor, für die in Norddeutschland nachgewiesenen Vereisungen die Namen Elster-Eiszeit, Saale-Eiszeit und Weichsel-Eiszeit zu verwenden, um sie nach süddeutschem Vorbild ebenfalls nach Flüssen zu bezeichnen. Die zwischen den norddeutschen Eiszeiten liegenden Warmzeiten wurden zunächst Elster-Saale-Interglazial und Saale-Weichsel-Interglazial genannt. Heute bezeichnet man diese Interglaziale in Deutschland als Holstein-Warmzeit und Eem-Warmzeit.

Geograph Albrecht Penck (1858–1945)

Geograph Eduard Brückner (1862–1927)

Geologe Konrad Keilhack (1858–1944)

Die süddeutsche Gliederung wurde später um die ältere Eiszeitgruppe Biber-Donau-Komplex ergänzt. Der norddeutschen Gliederung fügte man den Cromer-, Bavel-, Waal-, Eburon-, Tegelen- und den Prätegelen-Komplex hinzu. Von einer Eiszeit spricht man dann, wenn eine Abkühlung des Klimas mit Gletschervorstößen verbunden ist, während einer Kaltzeit sind solche Gletscherstöße nicht erkennbar. Ein mehrfacher Wechsel von Kalt- und Warmzeiten innerhalb von Großzyklen werden als Komplexe bezeichnet.

Die gegenwärtig in Deutschland gebräuchlichen Gliederungen des Quartär entsprechen indes nicht mehr dem neuesten Forschungsstand. Da die Experten mit einem Kalt-Warm-Zyklus von etwa 100.000 Jahren rechnen, wovon jeweils rund 80.000 Jahre kalt- und etwa 20.000 Jahre warmzeitlich sind, müsste es im Quartär mehr als 20 solcher Zyklen gegeben haben. Die Gliederungen weisen aber weniger Zyklen aus. Nachfolgende – teilweise überarbeitete – Gliederung des Eiszeitalters stammt aus dem Buch „Deutschland in der Urzeit" (1986) von Ernst Probst. Es sei nicht verschwiegen, dass in der Fachliteratur zahlreiche sehr unterschiedliche Gliederungen des Eiszeitalters kursieren, was einen Laien sicherlich eher verwirrt als informiert.

Die Prätegelen-Kaltzeit
und die Biber-Eiszeiten

Zu Beginn des Eiszeitalters lag der größte Teil Deutschlands trocken. Sogar das Ostseebecken war Festland. Die Nordsee hatte sich weit von der Küste zurückgezogen. Der älteste Abschnitt des Eiszeitalters ist die Prätegelen-Kaltzeit (etwa 2,6 bis 1,96 Millionen Jahre), aus der bisher in Norddeutschland keine Gletschervorstöße des nordischen Inlandseises bekannt sind. Von einer Kaltzeit spricht man immer dann, wenn keine Gletschervorstöße erfolgten.

Die Klimaverschlechterung in diesem Abschnitt wurde 1950 von den niederländischen Wissenschaftlern Isaac Martinus van der Vlerk (1892–1974) vom ehemaligen Geologischen Institut der Rijksuniversiteit Leiden und Frans Florschütz (1887–1965) vom Botanischen Institut der Rijksunversiteit Utrecht in den Niederlanden nachgewiesen.

In die Prätegelen-Kaltzeit fiel teilweise die so genannte Gauss-Epoche (etwa 3,3 bis 2,4 Millionen Jahre), in der die Gesteine normal magnetisiert waren. Das heißt: Die Gesteine aus dieser Epoche beeinflussen die Richtung einer Kompassnadel nicht. Die Gauss-Epoche ist nach dem deutschen Mathematiker, Astronom und Physiker Carl Friedrich Gauss (1777–1855) benannt.

Auf die Gauss-Epoche folgte die Matuyama-Epoche (etwa 2,4 Millionen bis 700.000 Jahre), in der die Gesteine umgekehrt magnetisiert waren. Das heißt: Die Kompassnadel dreht sich nun um 180 Grad. Die Ursache für eine solche Umpolung des Erdmagnetfeldes, die in regelmäßigen Abständen erfolgt, ist noch unklar. Die Matuyma-Epoche ist nach dem japanischen Geophysiker Monotori Matuyama (1884–1958) bezeichnet, der

Mathematiker, Astronom und Physiker
Carl Friedrich Gauss (1777–1855)

1929 nachwies, dass sich die Magnetisierung altquartärer Laven von der in jüngeren Laven in Japan und der Mandschurei unterscheidet.

Etwa zur selben Zeit wie die Prätegelen-Kaltzeit in den Niederlanden und in Norddeutschland herrschten in Süddeutschland die Biber-Eiszeiten, aus denen Zeugnisse von Gletschervorstößen vorliegen. Von einer Eiszeit spricht man dann, wenn eine Abkühlung des Klimas mit Gletschervorstößen verbunden ist.
Die Biber-Eiszeiten wurden 1956 von Ingo Schaefer vom Geographischen Institut der Universität Regensburg beschrieben. Er erkannte Schotterablagerungen im Raum Augsburg als Relikte einer frühen Eiszeitengruppe, die er nach dem kleinen Bach Biber, einem Zufluss des Flüsschens Schmutter nordwestlich von Augsburg, benannte. Die Biber-Eiszeiten umfassen vermutlich zwei kalte Abschnitte.

Die Tegelen-Warmzeit

In der Tegelen-Warmzeit (etwa 1,96 bis 1,78 Millionen Jahre) ließ eine Klimaverbesserung wieder die Wälder wachsen. Tegelen ist ein Ort in den Südniederlanden, von dem zahlreiche Überreste wärmeliebender Pflanzen und Tiere bekannt sind. Der Begriff Tegelen-Warmzeit wurde 1905 von dem niederländischen Paläontologen Eugène Dubois (1858–1940) eingeführt. Während der Tegelen-Warmzeit währte die Matuyama-Epoche (2,4 Millionen bis 700.000 Jahre) fort, in der die Gesteine umgekehrt magnetisiert waren.

Paläontologe Eugène Dubois (1858–1940)

Die Eburon-Kaltzeit
und die Donau-Eiszeiten

Die Eburon-Kaltzeit (etwa 1,78 bis 1,30 Millionen Jahre) wurde 1957 von dem niederländischen Geologen Waldo H. Zagwijn vom Rijksgeologischen Dienst in Haarlem aufgrund des Rückganges wärmeliebender Pflanzen nachgewiesen, der in Pollenprofilen dokumentiert ist. In Norddeutschland gab es im Eburon keine Gletschervorstöße.

Ähnlich alt wie die Eburon-Kaltzeit in den Niederlanden und in Norddeutschland dürften die süddeutschen Donau-Eiszeiten sein, die vermutlich drei kalte Abschnitte umfassen. Zeugnisse dieser Alpenvorland-Vergletscherung wurden 1930 von dem katholischen Geistlichen Bartholomäus Eberl (1883–1960) aus Obergünzburg im Bereich von Memmingen entdeckt. Eberl wählte den Begriff „Donau" in Anlehnung an das System von Albrecht Penck, der die süddeutschen Eiszeiten nach Flüssen im Alpenvorland benannte.
In den Donau-Eiszeiten stieß der westliche Teil des Lechgletschers bis Kaufbeuren vor. An diesen Vorstoß erinnern heute Gletscherablagerungen (Moränen) bei Bickenried.

Bartholomäus Eberl (1883–1960)

20

Die Waal-Warmzeit

Das Waal (etwa 1,30 bis 1,07 Millionen Jahre) wurde 1957 von Waldo H. Zagwijn in den Niederlanden beschrieben. Statt Waal-Warmzeit findet man in der Literatur auch den Begriff Waal-Interglazial. Diese Namen gehen auf einen Hauptarm des Rheindeltas namens Waal in den Niederlanden zurück. Vor etwa einer Million Jahren lebte in der Hohen Eifel der Vulkanismus wieder auf. Auch in der Ost-Eifel brachen Vulkane aus. Einige Bimsvorkommen, die in der Eifel abgebaut werden, stammen aus dieser geologisch unruhigen Zeit. Die Waal-Warmzeit liegt vollständig in der so genannten Matuyama-Epoche, in der die Gesteine anders als heute umgekehrt magnetisiert waren.

Das Bavelium

Der Bavelium-Komplex (etwa 1,07 Millionen bis 990.000 Jahre), auch Bavel-Komplex oder Bavelium genannt, wurde 1983 von dem niederländischen Geologen Waldo H. Zagwijn und dem Palynologen Jan de Jong, beide am Rijksgeologischen Dienst in Harlem tätig, beschrieben.

Während des Bavelium gab es innerhalb der so genannten Matuyama-Epoche (etwa 2,4 Millionen bis 700.000 Jahre) das so genannte Jaramillo-Event (etwa 1,07 bis 0,99 Millionen Jahre), in der die Gesteine wie heute normal magnetisiert waren. Sie beeinflussen also die Kompassnadel nicht. Das Jaramillo-Event wurde erstmals in Gesteinen des Jaramillo Creek in den Jemenez Mountains in New Mexico (USA) entdeckt.

Faszinierende Einblicke in die Tierwelt des Bavelium ermöglichen die etwa eine Million Jahre alten Funde aus dem Flussbett der Ur-Werra bei Untermaßfeld nahe Meiningen in Thüringen. Bei den Ausgrabungen des Weimarer Paläontologen Ralf-Dietrich Kahlke kamen Reste ungewöhnlich vieler Tiere zum Vorschein, die bei Hochwasser ums Leben gekommen waren. In diesem eiszeitlichen Leichenfeld lagen Fossilien vom Flusspferd *(Hippopotamus amphibius antiquus)*, Südelefanten *(Mammuthus meridionalis)*, der Säbelzahnkatze *(Megantereon cultridens adroveri, Homotherium crenatidens)*, vom Europäischem Jaguar *(Panthera onca gombaszoegensis)*, Puma *(Puma pardoides)*, Gepard *(Acinonyx pardinensis pleistocaenicus)*, Luchs *(Lynx issiodorensis)*, der Hyäne *(Pachycrocuta brevirostris)* und vom Makaken *(Macaca sylvanus)*.

Die Fundstelle bei Untermaßfeld gilt als die mit Abstand wichtigste und reichhaltigste ihrer Zeitstellung in Europa. Insgesamt wurden mehr als 15.000 Wirbeltierreste (davon etwa 4.000 von Kleinsäugern) von rund 100 Arten geborgen. Darunter befinden sich spektakuläre Entdeckungen. Die Flusspferde aus

Untermaßfeld gelten als die größten aller Zeiten. Weitere Raritäten sind der früheste Jaguar und Gepard aus Deutschland. Zudem entdeckte man bei Untermaßfeld neue Tierarten wie den *Bison menneri*, das Reh *Capreolus cusanoides*, den großen Hirsch *Eucladoceros giulii*, das Wildpferd *Equus wuesti* und den Bären *Ursus rodei*. *Bison menneri* ist mit einer Schulterhöhe von 1,78 Meter der größte Bison aller Zeiten.

Der eigenständige Charakter, die Vollständigkeit und die gute Überlieferungsqualität der Untermaßfelder Säugetierfossilien haben Ralf-Dietrich Kahlke bewogen, für die Zeit vor etwa 1,2 Millionen bis 900.000 Jahren den Begriff Epi-Villafranchium vorzuschlagen.

Paläontologe Ralf-Dietrich Kahlke

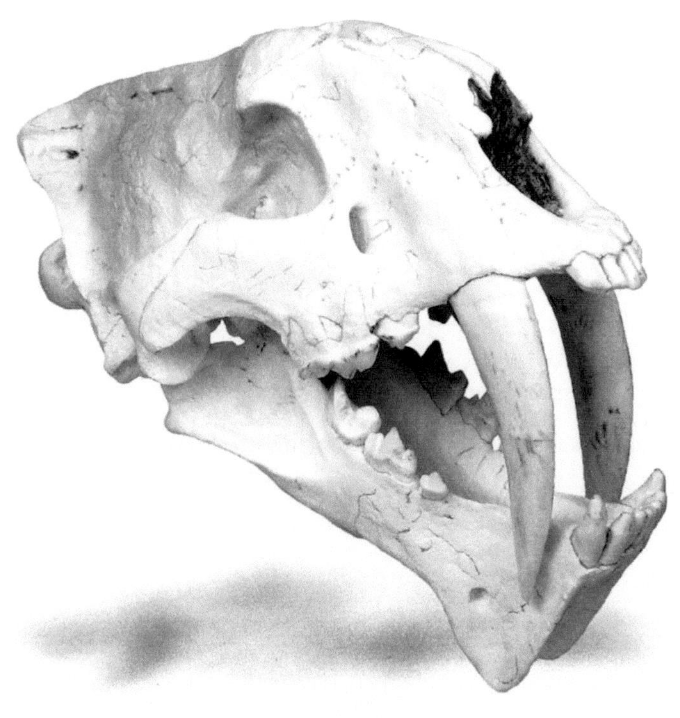

Fotos aus den Seiten 24 und 25:
Reproduktion eines Schädels
der Säbelzahnkatze Megantereon
aus dem Urzeitshop
(www.urzeitshop.de)
von Miron Seffzek,
Duvensee

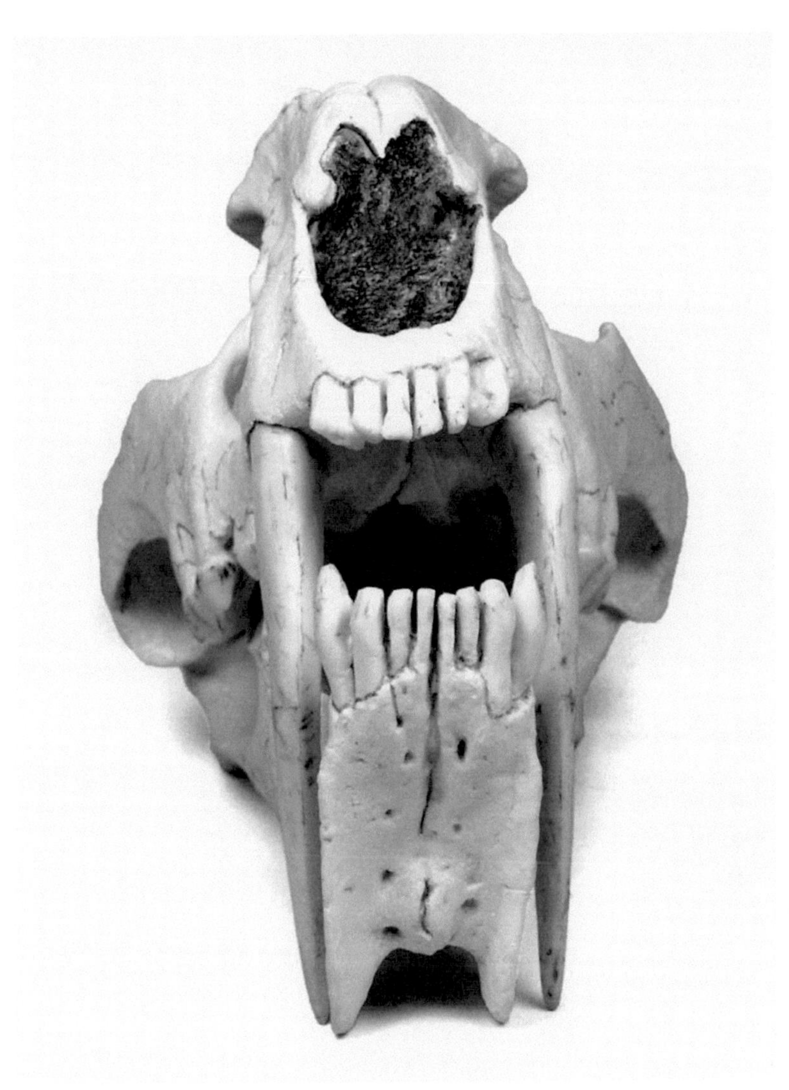

*Rekonstruktion der Säbelzahnkatze Megantereon cultridens
im Naturhistorischen Museum Wien*

Heutiger Puma (Puma pardoides)
im Zoo de la Barben in Südfrankreich

Die Menap-Kaltzeit
und die Günz-Eiszeit

In der Menap-Kaltzeit (etwa 990.000 bis 800.000 Jahre) fielen die Temperaturen noch nicht so extrem wie in den späteren Eiszeiten des Mittel- und Oberpleistozän. Aus Norddeutschland liegen keine Spuren von Gletschervorstößen vor. Die Menap-Kaltzeit wurde 1957 von Waldo H. Zagwijn im niederländischen Rhein-Mündungsgebiet nachgewiesen.

Im Menap verschwanden nördlich der Alpen allmählich die letzten Vertreter der wärmeorientierten Tertiärflora. Die vergletscherten Alpen, Pyrenäen und Karpaten, aber auch Trockengebiete in Spanien, verhinderten deren Rückzug in den wärmeren Süden. Deshalb konnten diese Pflanzenarten nach der Wiedererwärmung mit ihren Sämlingen keinen neuen Vorstoß nach Norden unternehmen. Aus diesem Grund ist heute die Flora in Mitteleuropa im Vergleich zu derjenigen von Nordamerika und Ostasien verarmt.

Zeitlich etwa identisch mit der Menap-Kaltzeit dürfte die süddeutsche Günz-Eiszeit sein. Sie wurde nach hochgelegenen Nagelfluhen im Iller-Lech-Gebiet – und hier vor allem im Bereich des Flusses Günz – definiert. Als Nagelfluh („Fluh" = Schweizer Begriff für Fels) bezeichnet man verfestigte Schotter, bei denen die Gerölle wie Nagelköpfe in der Gesteinsmasse wirken. Im Günz erreichten die Gletscher des österreichischen Traungletscher-Gebietes ihre größte Ausdehnung. Günzmoränen sind auch im Rhein- und Illergletschergebiet nachgewiesen. Der Name Günz-Eiszeit geht auf Albrecht Penck und Eduard Brückner zurück, die diese Eiszeit in ihrem zwischen 1901 und 1909 erschienenen mehrbändigen Werk „Die Alpen im Eiszeitalter" nach dem Fluss Günz benannten.

Der Cromer-Komplex

Das Klima im Cromer (etwa 800.000 bis 480.000 Jahre) war nicht einheitlich. Einerseits gab es sehr milde, andererseits aber auch kühle Abschnitte. In Mitteleuropa wird das Comer in vier Warmzeiten und vier Kaltzeiten unterteilt. Die charakteristische Cromer-Forest-Bed-Abfolge bei Cromer in Norfolk (England) wurde 1882 von dem englischen Geologen Clement Reid (1853–1916) beschrieben.

Im Cromer ist vor etwa 700.000 Jahren eine Umpolung des Erdmagnetfeldes nachweisbar. Sie wird nach den Geophysikern Monotori Matuyama (1884–1958) aus Japan und Bernard Brunhes (1867–1910) aus Frankreich als Matuyama/Brunhes-Grenze bezeichnet. Findet man Spuren davon, zum Beispiel durch die Ausrichtung magnetischer Minerale in eiszeitlichen Ablagerungen, kann man so die Ablagerungen datieren. Die Gesteine aus der so genannten Brunhes-Epoche vor etwa 700.000 Jahren bis heute sind normal magnetisiert und beeinflussen die Richtung der Kompassnadel nicht.

Auffallenderweise konzentriert sich der explosive Vulkanismus im Neuwieder Becken besonders auf Warmzeiten wie das Cromer und Übergangszeiten.

In den wärmeren Abschnitten des Cromer behaupteten sich Eichenmischwälder mit Eiben und Erlen. Merklich spärlicher gab es Hasel und Hainbuche. Während der kühlen Phasen dehnten sich Nadelmischwälder aus, in denen Kiefern überwogen. Birken waren zu Beginn und gegen Ende des Cromer häufig.

In Deutschland lebten im Cromer bei zeitweise warmem, mitunter aber auch kaltem Klima zwar keine Mastodonten (Rüsseltiere mit drei Backenzähnen in jeder Kieferhälfte) und Tapire mehr, jedoch weiterhin wärmeorientierte Elefanten

Geologe Clement Reid (1853–1916)

Geophysiker Bernard Brunhes (1867–1910)

(Südelefant *Archidiscodon meridionalis*, Waldelefant *Palaeoloxodon antiquus*), Nashörner (*Stephanorhinus etruscus*) und Flusspferde *(Hippopotamus antiquus)*. Neu waren in Deutschland die Steppenhirsche (*Praemegaceros verticornis*), deren breitschaufeliges Geweih dem von Damhirschen ähnelt, sowie der Mosbacher Bär *Ursus deningeri* als Vorfahre des oberpleistozänen Höhlenbären *Ursus spelaeus*.

Zu den bekanntesten Fundorten mit fossilen Faunen aus dem Cromer in Deutschland zählen die Mosbach-Sande von Mosbach im Stadtkreis von Wiesbaden, die aber auch ältere und jüngere Ablagerungen aus dem Eiszeitalter enthalten, die Mauerer Sande von Mauer bei Heidelberg und das Mittelmain- Cromer mit den Fundstellen Marktheidenfeld, Karlstadt, Erlabrunn, Würzburg-Schalksberg, Randersacker, Volkach und Goßmannsdorf, Voigtstedt im Harzvorland und Weimar-Süßenborn. Umstritten ist die Zuordnung der Faunenreste aus den Tonen von Jockgrimm in der Pfalz ins Cromer.

Im Cromer lebten die größten Löwen Deutschlands und Europas (Mosbacher Löwe), Europäische Jaguare, Säbelzahnkatzen, Leoparden, Geparden, Affen und der „Heidelberg-Mensch", von dem 1907 in Mauer bei Heidelberg ein Unterkiefer gefunden wurde.

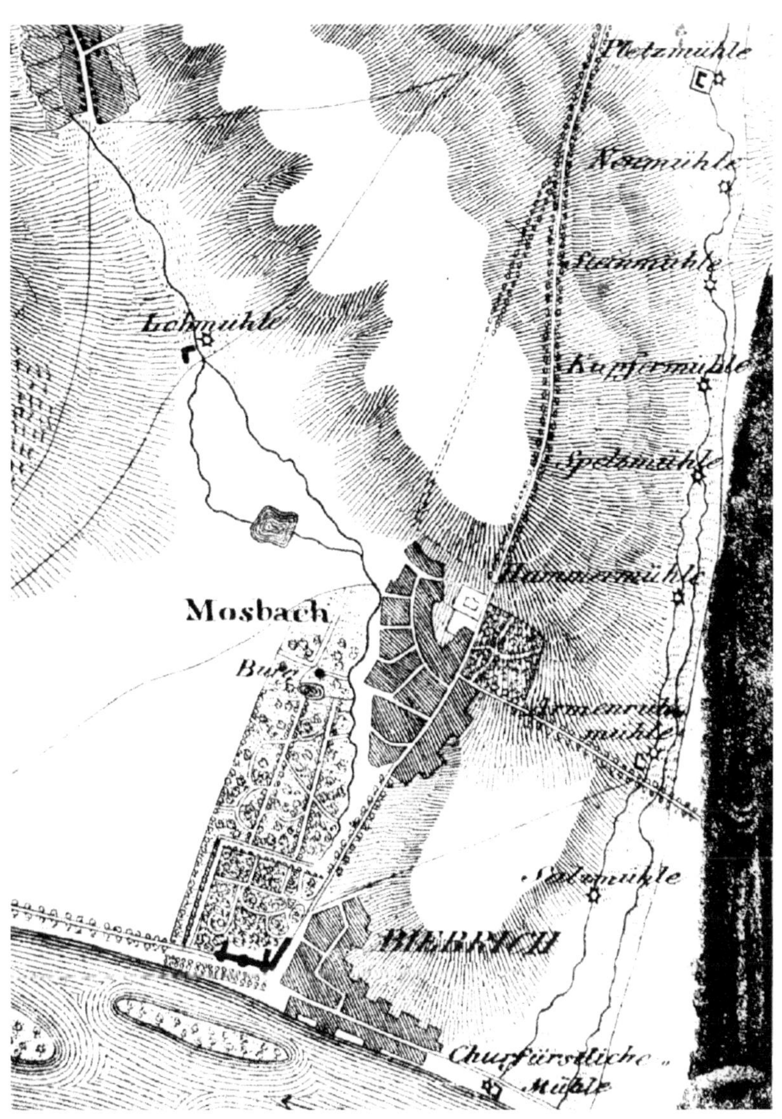

Dörfer Mosbach und Biebrich auf einem Plan von 1819

Das Dorf Mosbach bei Wiesbaden auf einem Bild von 1815

Wasserturm und Sandgrube auf der Adolfshöhe in Biebrich um 1900

34

Mosbach-Sande von Wiesbaden im Jahre 2008

Paläontologe Thomas Keller neben einem in Fundlage
bereits eingegipsten Fossil aus den Mosbach-Sanden von Wiesbaden

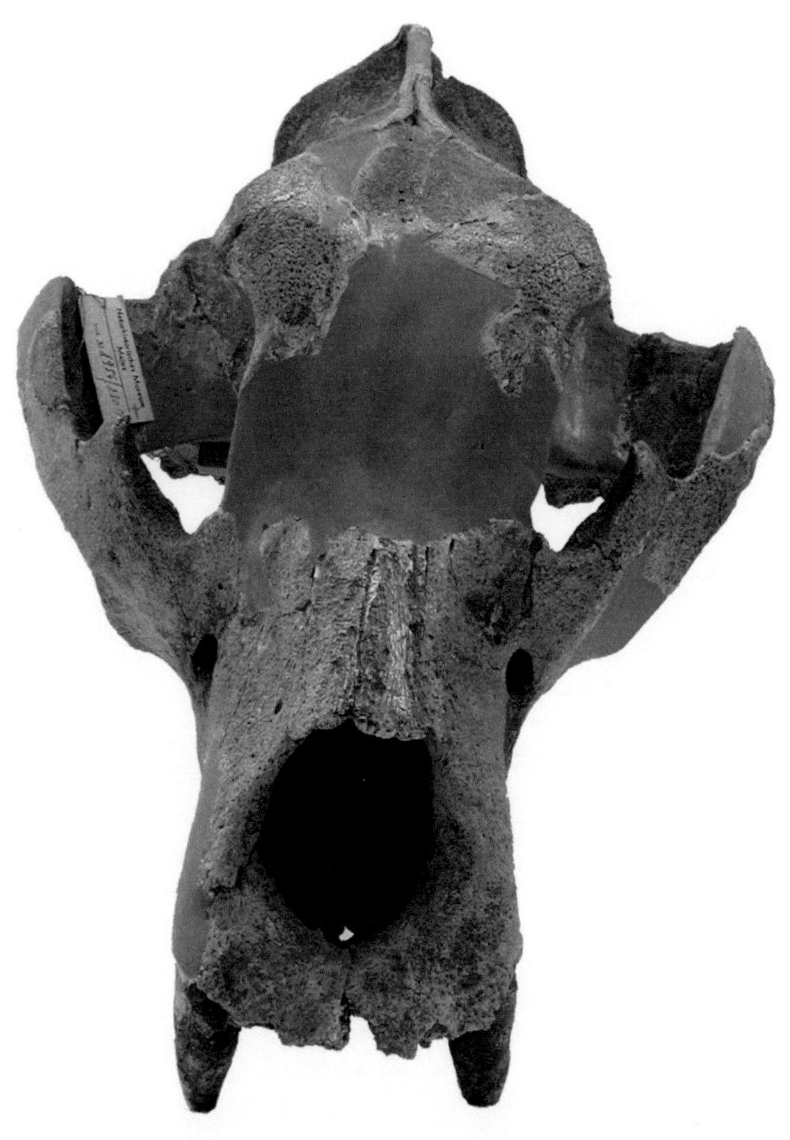

Oberschädel eines Mosbacher Bären (Ursus deningeri) aus den Mosbach-Sanden von Wiesbaden. Der Artname erinnert an den Geologen Karl Julius Deninger (1878–1917). Original im Naturhistorischen Museum Mainz

Lebensbild des Mosbacher Bären bzw. Deninger-Bären (Ursus deningeri)
des Paläontologen Wilfried Rosenthal aus Mannheim

Oberschädel eines Mosbacher Bären (Ursus deningeri) aus den Mosbach-
Sanden von Wiesbaden. Original im Naturhistorischen Museum Mainz

Unterkiefer eines Mosbacher Löwen (Panthera leo fossilis)
aus den Mosbach-Sanden von Wiesbaden.
Original im Naturhistorischen Museum Mainz

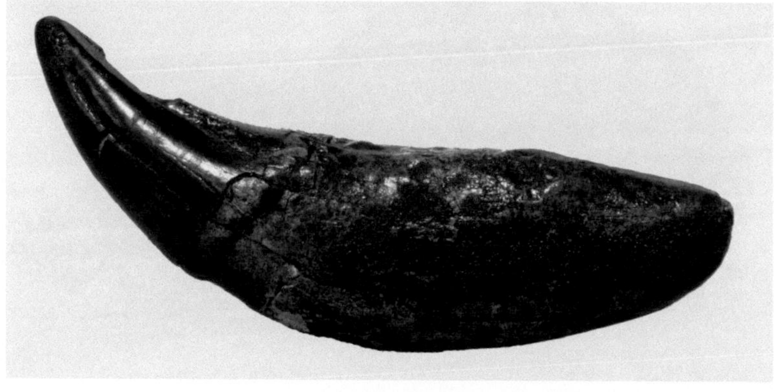

Eckzahn eines Mosbacher Löwen (Panthera leo fossilis) aus den
Mosbach-Sanden von Wiesbaden.
Original im Naturhistorischen Museum Mainz

Funde des Europäischen Jaguars (Panthera onca gombas-zoegensis) aus den Mosbach-Sanden von Wiesbaden: Unterkiefer von 1968 aus dem Naturhistorischen Museum Mainz / Landessammlung für Naturkunde Rheinland-Pfalz (oben) und Unterkiefer von 1998 aus dem Landesamt für Denkmalpflege Hessen in Wiesbaden (unten)

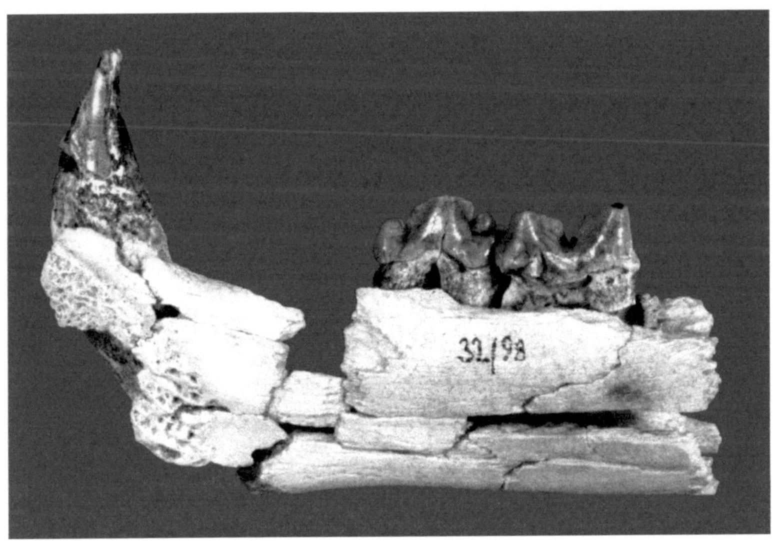

Tiere im Cromer vor etwa 600.000 Jahren:
Mosbacher Löwe, Mosbacher Pferd, Waldbison und Geier.
Gemälde von Fritz Wendler (1941–1995) aus dem Buch
„Deutschland in der Urzeit" (1986) von Ernst Probst

Szene aus dem Cromer vor etwa 600.000 Jahren:
Heidelberg-Menschen, Affen, Waldnashorn und Gepard.
Gemälde von Fritz Wendler aus dem Buch
„Deutschland in der Urzeit" (1986) von Ernst Probst

Schädel eines Jungtieres (oben) und Unterkiefer eines erwachsenen Tieres (unten) der Säbelzahnkatze Homotherium crenatidens aus der Spaltenfüllung 11 im Kalksteinbruch bei Neuleiningen nahe Grünstadt in Rheinland-Pfalz. Originale in der Sammlung von Ulrich H. J. Heidtke, Niederkirchen (Pfalz)

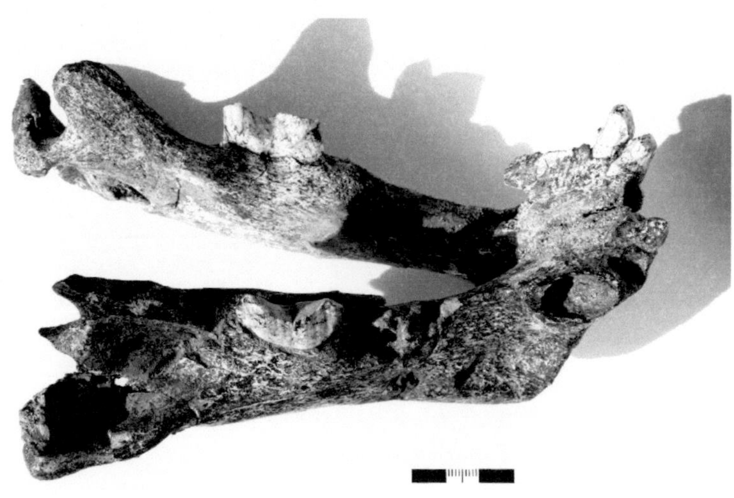

Rekonstruktion der Säbelzahnkatze Homotherium des niederländischen Bildhauers Remie Bakker aus Rotterdam

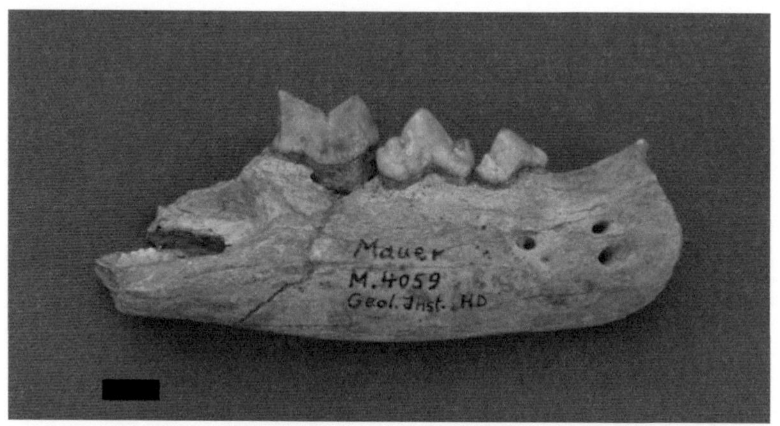

Rechtes Unterkieferfragment mit Zähnen eines fossilen Leoparden (Panthera pardus sickenbergi) von Mauer bei Heidelberg. Maßstab links unten: 1 Zentimeter. Original im Staatlichen Museum für Naturkunde, Karlsruhe

Heutiger Leopard in seinem Versteck im Okavango-Delta in Botswana

„Heidelberg-Mensch",
von dem 1907 in Mauer bei Heidelberg
ein männlicher Unterkiefer
gefunden wurde

Die Elster-
und die Mindel-Eiszeit

Die Elster-Eiszeit (etwa 480.000 bis 330.000 Jahre) ist vor allem im Bereich des Saale-Nebenflusses Elster dokumentiert. Der Name Elster-Eiszeit wurde 1909 durch den Berliner Geologen Konrad Keilhack eingeführt. In der Elster-Eiszeit drangen die skandinavischen Gletscher nach Süden bis in die Gegend von Dresden, Erfurt, Soest, Recklinghausen und Kettwig vor. Die westliche Verbreitung ist bisher nicht bekannt.

Erstmals wanderten kältegewohnte nordostsibirische Tierarten in die gegenwärtig gemäßigten Breiten von Mitteleuropa ein. Im Vorfeld des Eises lebten anfangs noch die altertümlichen warmzeitlich orientierten Waldelefanten (*Palaeoloxodon antiquus*) und Waldnashörner (*Dicerorhinus kirchbergensis*) mit den zugewanderten kälteharten Fellnashörnern (*Coelodonta antiquitatis*) zusammen. Doch allmählich verschwanden die wärmeliebenden Tiere des Cromer-Komplexes. Moschusochsen (*Praeovibos*) und Rentiere (*Rangifer*) drangen aus dem Osten bis ins Rheintal vor. Die Moschusochsen sind keine Rinder, sondern bis zu 1,40 Meter hohe und maximal 2,45 Meter lange Wildschafe. Heute leben sie nur noch auf Grönland und im polaren Nordamerika (Alaska).

In den Steppen weideten Steppenelefanten (*Mammuthus trogontherii*), die als Vorläufer der späteren Mammute (*Mammuthus primigenius*) gelten. Als das Klima milder wurde, schmolz das Eis. Die eiskalten Schmelzwässer füllten das Nordseebecken. In diesem Eissee konnte fast kein Leben existieren. Die kältegewohnten Steppenelefanten, Fellnashörner, Moschusochsen und Rentiere zogen mit dem im Verlauf von Jahrtausenden weichenden Eis nach Nordosten zurück. In die frei werdenden Gebiete mit wärmerem Klima und

Kälteharte Tiere aus der Elster-Eiszeit (etwa 480.000 bis 330.000 Jahre):
Fellnashorn (Coelodonta antiquitatis, oben) und Moschusochse (Praeovibos,
unten). Beide Bilder stammen von dem Tiermaler Heinrich Harder (1858–
1935).

entsprechender Vegetation rückten Tiere aus Südosteuropa nach, die während dieser Eiszeit in Mitteleuropa ihre Existenzgrundlage verloren hatten. Dieser sich an das Klima anpassende Wechsel der Fauna erklärt, weshalb man in Schichten zu Beginn einer Warm- oder Eiszeit jeweils Anteile kalt- und warmzeitlicher Tierarten zusammen vorfindet.

Mit der Elster-Eiszeit in Norddeutschland ist vermutlich die Mindel-Eiszeit in Süddeutschland gleichzusetzen. Der Name Mindel-Eiszeit geht auf Albrecht Penck und Eduard Brückner zurück, welche diese Eiszeit nach dem schwäbischen Fluss Mindel bezeichneten. In der Mindel-Eiszeit erreichten etliche der aus den Alpen vorrückenden Gletscher ihre größte Ausdehnung. Der Rheingletscher, der Illergletscher, der Wertachgletscher und der Inn-Chiemsee-Gletscher stießen weiter ins Alpenvorland vor als in den jüngeren Eiszeiten Riss und Würm. Mindel-eiszeitlicher Gletscherschutt reicht bis nach Biberach an der Riss, Ottobeuren, Mindelheim, Fürstenfeldbruck, Erding, Mühldorf am Inn und Burghausen an der Salzach.

Der Jenaer Geologe, Paläontologe und Prähistoriker Dietrich Mania und andere Experten sprechen statt von der Elster-Eiszeit vom Elster-Komplex. Dieser umfasst die Elster-I-Kaltzeit und die Elster-II-Kaltzeit.

Geologe, Paläontologe und Prähistoriker Dietrich Mania

Die Holstein-Warmzeit

In älterer Literatur folgte auf die Elster-Eiszeit die Holstein-Warmzeit (etwa 330.000 bis 300.000 Jahre). In dieser war das Klima so mild, dass wärmeliebende Weinreben gediehen und sich sogar Wasserbüffel (*Bubalus murrensis*) und Auerochsen (*Bos primigenius*) aus Asien bis nach Deutschland vorwagten.

Eine typische Säugetierfauna aus der Holstein-Warmzeit fand man in den unteren Schotterschichten von Steinheim an der Murr in Baden-Württemberg, die nach dem Vorkommen des Waldelefanten *(Palaeoloxodon antiquus)* als Antiquus-Schotter bezeichnet werden. Diese Ablagerungen überlieferten Reste vom Löwen (*Panthera leo*), der Säbelzahnkatze (*Homotherium*), vom Steinheim-Pferd (*Equus steinheimensis*), Waldnashorn (*Dicerorhinus kirchbergensis*), Steppennashorn (*Dicerorhinus hemitoechus*), Wildschwein (*Sus scrofa*), Riesenhirsch (*Megaloceros giganteus*), Rothirsch (*Cervus elaphus*), Reh (*Capreolus capreolus*), Auerochsen (*Bos primigenius*), Waldbison (*Bison schoetensacki*) und dem erwähnten Wasserbüffel (*Bubalus murrensis*). In der Holstein-Warmzeit lebten die ersten Höhlenlöwen (*Panthera leo spelaea*) und vermutlich die letzten Affen in Deutschland.

Im Heppenloch bei Gutenberg auf der Schwäbischen Alb wurden in Ablagerungen der Holstein-Warmzeit neben Überresten von Höhlenbär, Braunbär, Höhlenlöwe, Wildpferd, Steppennashorn, Wildschwein, Rothirsch, Damhirsch und Reh auch Fossilien vom Affen gefunden. Der Heppenloch-Affe gehört wie der Magot der Atlasländer und Gibraltars zu den Makaken. Die Holstein-Warmzeit wurde in Schleswig-Holstein floristisch nachgewiesen. Den Namen hatte Albrecht Penck 1922 vorgeschlagen. Manche Autoren sprechen statt von der Holstein-Warmzeit auch von der Holstein-Zeit, weil es sich um mehrere Warmzeitphasen handelt.

Der Jenaer Geologe, Paläontologe und Prähistoriker Dietrich
Mania spricht statt von der Holstein-Warmzeit vom Holstein-
Komplex oder von der Holstein-Zeit. Dieser Komplex umfasst
drei Warmzeiten und dazwischen zwei Kaltzeiten. In die erste
Warmzeit vor etwa 450.000 Jahren gehört vermutlich
Bilzingsleben I in Thüringen. Zur zweiten Warmzeit vor etwa
370.000 Jahren zählt Bilzingsleben Travertin II mit den
berühmten Funden des Bilzingslebener Menschen und seinen
Hinterlassenschaften. In die dritte Warmzeit vor etwa 300.000
Jahren fällt Steinheim an der Murr in Baden-Württemberg mit
dem Steinheim-Menschen.

Heutiger Makake auf Gibraltar

Waldelefant (Palaeoloxodon antiquus)

Auerochse (Bos primigenius). Gemälde von Heinrich Harder

Säbelzahnkatze (Homotherium). Gemälde von Remie Bakker

Riesenhirsch (Megaloceros giganteus). Gemälde von Pavel Riha

*Lager von Frühmenschen
bei Bilzingsleben (Kreis Artern) in Thüringen*

*Steinheim-Mensch,
von dem 1933
in Steinheim an der Murr
in Baden-Württemberg
ein weiblicher Schädel
gefunden wurde*

Die Saale-
und die Riss-Eiszeit

In der Saale-Eiszeit (etwa 300.000 bis 127.000 Jahre) rückten die skandinavischen Gletscher weit nach Mitteleuropa vor. Den Namen Saale-Eiszeit hat 1909 der Berliner Geologe Konrad Keilhack vorgeschlagen. Der größte Eisvorstoß in der Anfangszeit der Saale-Eiszeit wird als Drenthe-Stadium bezeichnet. Damals reichten die nordischen Gletscher bis in die nordostniederländische Landschaft Drenthe.

Der maximale Vorstoß lässt sich durch Endmoränen in Nordrhein-Westfalen etwa in Höhe des Haarstrangs südlich von Dortmund und im Ruhrtal nachweisen. Ein Ausläufer erstreckte sich fast bis Düsseldorf, überquerte den Rhein und erreichte beinahe Krefeld und Geldern. Der Eisrand verlief über Kleve in die Niederlande.

Der Rückzug des Eises nach Nordosten wurde durch längere Haltephasen unterbrochen. Endmoränen bei Rehburg in der Nähe von Hannover dokumentieren das Rehburger Stadium. Ein erneuter Eisvorstoß gegen Ende der Saale-Eiszeit wird als Warthe-Stadium bezeichnet. Im Warthe-Stadium lag der Eisrand nahe der Warthe, des rechten Nebenflusses der Oder.

Durch Gletscherschmelzwässer entstand im Warthe-Stadium das Breslau-Bremer Urstromtal. Es erstreckte sich von der Schwarzen Elster über die Elbe, Ohre, Drömling, Aller bis zur Weser. Im Urstromtal flossen von dem Schmelzwasser der Gletscher und dem Eis der Mittelgebirge gespeiste Flüsse zum Meer.

Die saale-eiszeitlichen Gletscher transportierten auf ihrem Weg von Norden nach Süden bis zu hausgroße Gesteinsblöcke, die in den Ursprungsgebirgen auf die Gletscher gestürzt waren oder die aus dem Untergrund gelöst wurden. Während des Transports wurden sie dann abgeschliffen und zum Teil zerkleinert.

Beim Abschmelzen des Eises blieben die großen Brocken als Findlinge, die kleinen als Geschiebe zurück. Zusammen mit Sand- und Tonanteil bildeten sie Geschiebemergel oder -lehm. Der größte Findling Norddeutschlands liegt bei Rahden im Kreis Minden-Lübbecke. Dieser aus Südschweden stammende Granit mit den Maßen 10 x 7 x 3 Meter hat ein geschätztes Gewicht von etwa 350 Tonnen. Ein ähnlicher Koloss ist der 7,5 x 4,50 x 3,60 Meter große Giebichenstein bein Nienburg (Weser).
In der Saale-Eiszeit entstanden durch Abnahme der Temperaturen und Verkürzung der Vegetationsperiode in Deutschland Tundren und Steppen, in denen neben Fellnashörnern erstmals auch Mammute (*Mammuthus primigenius*) erschienen. Diese Großsäuger wurden von eiszeitlichen Jägern (frühe Neandertaler) zur Strecke gebracht. In Thüringen lebten in der älteren Saale-Eiszeit Steinböcke der Art *Capra camburgensis*. 1971 konnte in einer Kiesgrube bei Mönchengladbach das Schädelfragment eines Steinbocks der Gattung *Capra* aus der jüngeren Saale-Eiszeit geborgen werden.

Das zeitliche Gegenstück der norddeutschen Saale-Eiszeit dürfte die süddeutsche Riss-Eiszeit sein, deren Gletscherschutt besonders im Gebiet der Flüsse Riss, Isar und Salzach erforscht wurde. In der Riss-Eiszeit überquerte der Rheingletscher bei Sigmaringen die Donau und staute den Fluss zu einem großen See auf. Ablagerungen dieses Sees fand man beispielsweise in der Burghöhle von Dietfurt. Der Lechgletscher rückte bis auf etwa 20 Kilometer Entfernung an Augsburg heran. Der Loisachgletscher hinterließ zwischen Landsberg und Merching Spuren seiner Verbreitung. Der Isargletscher war weniger als 20 Kilometer von München entfernt. Der Inn-Chiemsee-Gletscher lagerte im Raum Markt Schwaben, Erding, Isen, Bierwang und Trostberg riss-eiszeitlichen Schutt ab. Nördlich der Gletscher breitete sich in Süddeutschland eine baumlose Tundra aus.

Rekonstruktion eines Mammuts *(Mammuthus primigenius)*
des österreichischen Paläontologen Othenio Abel *(1875-1946) von 1912*

In die Anfangszeit der Riss-Eiszeit dürften die Tierreste aus dem oberen Teil der Schotter von Steinheim an der Murr in Württemberg zu datieren sein. Sie werden als Trogontherii-primigenius-Schotter bezeichnet, weil diese Ablagerungen Fossilien des Steppenelefanten *Mammuthus trogontherii* und des Mammuts *Mammuthus primigenius* enthalten. Außer diesen Rüsseltieren sind nachgewiesen: Höhlenbär, Löwe, Steinheim-Pferd, Fellnashorn, Riesenhirsch, Rothirsch und Steppenbison. Knochenreste von Menschen aus der Riss-Eiszeit hat man bisher in Süddeutschland nicht gefunden. Aber man kennt sie aus dem westlichen Nachbarland Frankreich.

Der Jenaer Geologe, Paläontologe und Prähistoriker Dietrich Mania spricht statt von der Saale-Eiszeit vom Saale-Komplex oder der Saale-Zeit. Dieser Komplex umfasst drei Kaltzeiten und dazwischen zwei Warmzeiten.

Die Eem-Warmzeit

Das Oberpleistozän (etwa 127.000 bis 11.700 Jahre) beginnt mit der Eem-Warmzeit (etwa 127.000 bis 115.000 Jahre). Marine Ablagerungen aus dem Eem wurden 1874 erstmals von dem niederländischen Mediziner und Botaniker Pieter Harting (1812–1885) aus Utrecht beschrieben. Das Eem ist die jüngste Warmzeit des Eiszeitalters.

In der frühen Eem-Warmzeit überflutete das Meer das Nordseebecken und das Ostseebecken bis nach Ostpreußen. Diese Meeresstraße trennte Skandinavien von Europa. Die marine Tierwelt des Eem enthielt etliche südwesteuropäische Schneckenarten, die eine höhere Wassertemperatur als die heute bei uns lebenden benötigen. Offenbar sind diese Mollusken durch den Ärmelkanal eingedrungen.

Die Pflanzenreste in den eemzeitlichen Ablagerungen von Stuttgart-Bad Cannstatt, Weimar-Ehringsdorf und Zeifen am Waginger See in Oberbayern sprechen für ein mildes Klima. Zum Fundgut zählen Stein- und Traubeneiche, Sommer- und Winterlinde, Efeu, Lebensbaum, südeuropäische Schwarzkiefer, Buchs, Stechpalme und thüringischer Flieder.

In der Eem-Warmzeit wanderten erneut wärmeorientierte Tiere nach Deutschland ein, während sich die kälteangepassten zurückzogen. Die Tierwelt im Eem glich jener der Holstein-Warmzeit. In den Wäldern des Oberrheingebietes etwa lebten Höhlenlöwen, Waldelefanten, Waldnashörner, Wildschweine und Damhirsche. Im Eem waren Flusspferde (*Hippopotamus antiquus*) bis nach England verbreitet. Diesen Tieren dienten die großen Ströme als Wanderwege. Der Rhein war damals viel mehr in Einzelarme verzweigt und wies zahlreiche Altwässer auf. In den Kiesgruben der Oberrheinebene befinden sich Flusspferdknochen zusammen mit Stämmen von dicken Eichen in umgelagerten Sedimenten der Eem-Warmzeit. Auch die Eem-Warmzeit wurde von kühlen Abschnitten unterbrochen, in denen Mammute, Fellnashörner und Rentiere zur Tierwelt gehörten. Gegen Ende des Eem weideten im Raum Bottrop die in großen Herden lebenden Saiga-Antilopen (*Saiga tatarica*), die als Bewohner kaltzeitlicher Steppen gelten. Aus der Eem-Warmzeit kennt man nur wenige Knochenreste von Menschen, die meist unsicher datiert sind.

Pieter Harting (1812–1885)

Heutige Flusspferde in Tansania.
Im Cromer lebten solche Tiere auch im Rhein

Heutige Saiga-Antilope (Saiga tatarica)

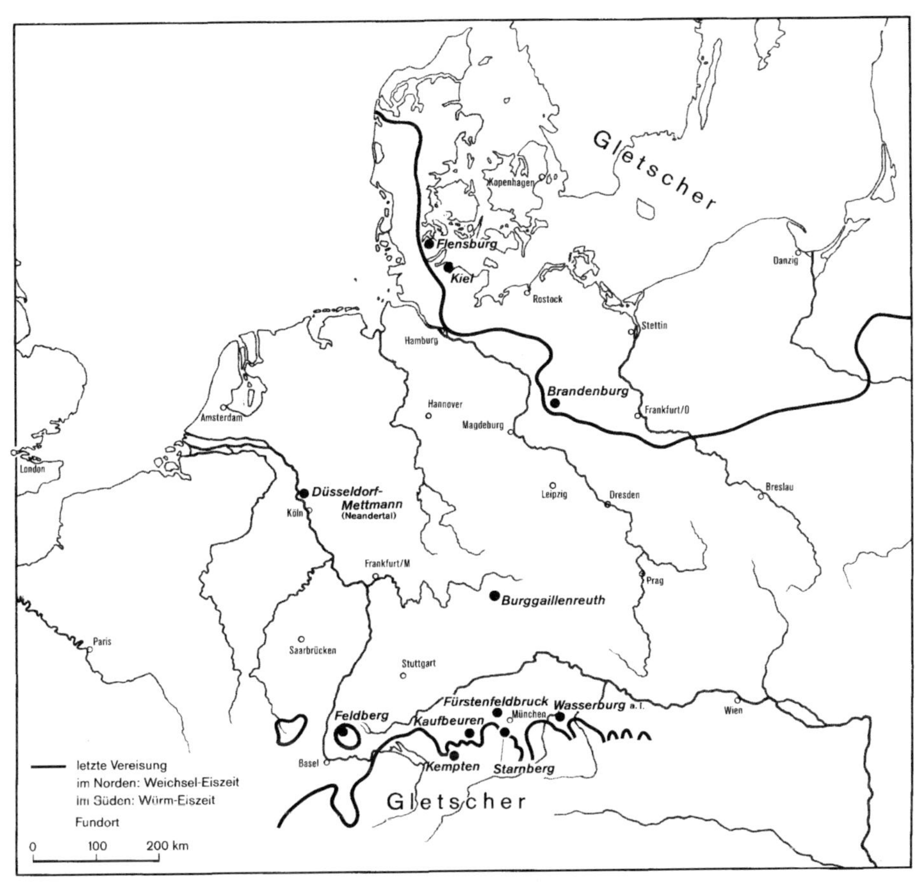

Ausdehnung der Gletscher während der Weichsel- bzw. Würm-Eiszeit in Deutschland

Die Weichsel-
und die Würm-Eiszeit

Die Weichsel-Eiszeit (etwa 115.000 bis 11.700 Jahre) ist die letzte Eiszeit des Pleistozäns in Norddeutschland. Der Name Weichsel-Eiszeit wurde 1909 durch den Berliner Geologen Konrad Keilhack erstmals verwendet. Die vereiste Fläche war in dieser Zeitspanne erheblich geringer als in den vorhergehenden Eiszeiten Saale und Elster. Der Ostseegletscher breitete sich nur noch teilweise über das Gebiet östlich der Elbe aus. Der Verlauf der Endmoränen ist ein Zeugnis des Maximalvorstoßes des Eises. Die Endmoränen reichen von Flensburg über Kiel bis wenig östlich von Hamburg. Von dort verlaufen sie in west-östlicher Richtung, bis der Endmoränenzug scharf auf die Stadt Brandenburg zu abknickt. Dann erstecken sich die Endmoränen erneut in West-Ost-Richtung bis an die Weichsel.

Während der Weichsel-Eiszeit lag das Nordseebecken infolge der weltweiten Absenkung des Meeresspiegels etwa bis zur Sandbank Doggerbank trocken, die heute rund 200 Kilometer von der Küste entfernt ist. Auf dem später vom Meer überfluteten Land gab es Moore und Wälder. Dieses „Nordseeland" war Jagdgebiet von Höhlenlöwen und unseren damaligen Vorfahren.

Im Gebiet des heutigen Ärmelkanals strömte in der Weichsel-Eiszeit der Kanal-Urstrom nach Westen zum Atlantik. Der Rhein, die Maas und die Themse mündeten östlich von Südengland ins Meer. Die Elbe erreichte etwa bei der Doggerbank die Nordsee. Die Weichsel-Eiszeit wird in ein Früh-, Hoch- und Spätglazial unterteilt. Diese Gliederung geht auf Paul Woldstedt (1888–1973), einen Nestor der deutschen Quartärforschung, und Klaus Duphorn von der Bundesanstalt für Bodenforschung in Hannover zurück. Das Frühglazial währte von etwa 115.000 bis

24.000 Jahren, das Hochglazial von etwa 24.000 bis 14.500 Jahren und das Spätglazial von etwa 14.500 bis 11.700 Jahren. Einige Autoren kommen jedoch zu anderen Ergebnissen. Im Frühglazial gab es etliche warme Abschnitte (Interstadiale), die vor allem in den Niederlanden, Schleswig-Holstein und Dänemark belegt sind.

Zur Tierwelt des Frühglazials in Deutschland gehörten Biber, Wölfe, Höhlenbären, Braunbären, Höhlenhyänen, Höhlenlöwen, Mammute, Fellnashörner, Riesenhirsche, Elche, Moschusochsen und Bisonten. Von all diesen Tieren wurden bei verschiedenen Bauarbeiten im Emschertal bei Bottrop insgesamt mehr als 7.000 Überreste geborgen. Ein Teil dieser Funde stammt allerdings noch aus der ausgehenden Eem-Warmzeit.

Ein Zeitgenosse der Mammute, Fellnashörner, Gemsen, Leoparden und anderer Tiere des Frühglazials war der späte oder „klassische Neandertaler" (*Homo sapiens neanderthalensis* oder *Homo neanderthalensis*), dessen Überreste 1856 im Neandertal bei Düsseldorf-Mettmann gefunden wurden.

Das Hochglazial der Weichsel-Eiszeit begann mit dem Brandenburger Stadium vor etwa 24.000 Jahren. Damals stießen die weichsel-eiszeitlichen Gletscher am weitesten vor. Dies dokumentieren zahlreiche Moränen in der Provinz Brandenburg zwischen Elbe und Warthe. Im Brandenburger Stadium entstand das Glogau-Baruther Urstromtal. In das Hochglazial fällt auch das Frankfurter Stadium, in dem das Eis nur noch die Oder bei Frankfurt/Oder kreuzte. Damals wurde das Warschau-Berliner Urstromtal angelegt. Mit dem Pommerschen Stadium, dem Endmoränenzug bei Stettin, endete das Hochglazial. Das Thorn-Eberswalder Urstromtal ist ein Zeugnis aus etwas jüngerer Zeit. Im Spätglazial der Weichsel-Eiszeit ab etwa 14.500 Jahren zogen sich die norddeutschen Gletscher immer mehr zurück. Beim etappenweisen Rückschmelzen gab es neben Haltephasen vereinzelt auch kurzfristige Vorstöße.

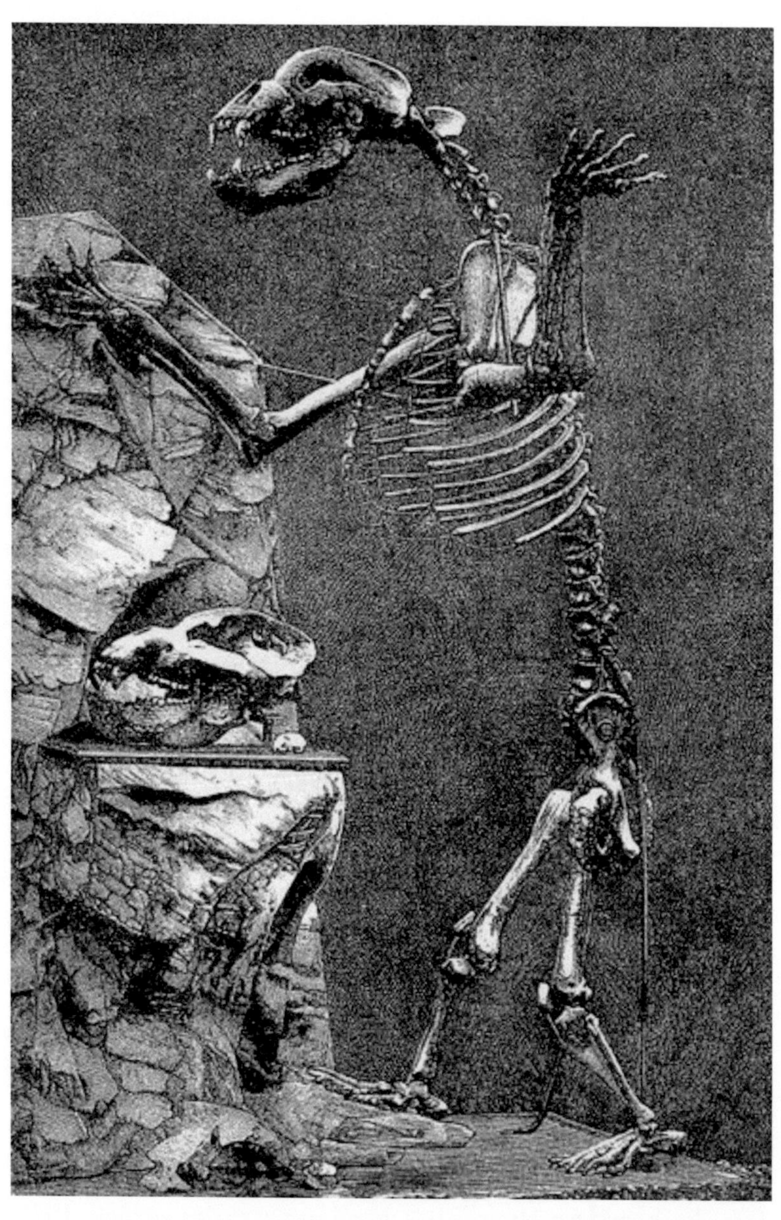

*Aufrecht stehendes Skelett eines Höhlenbären (Ursus spelaeus)
im Wiener Hofmuseum*

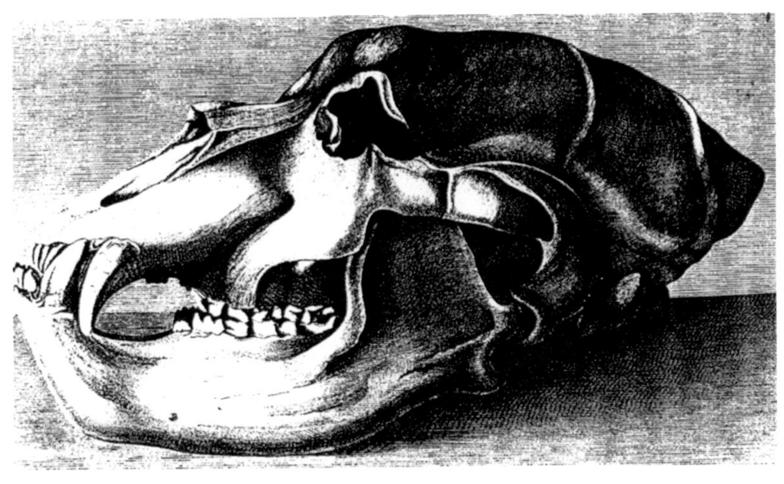

Schädel aus der Zooloithenhöhle von Burggaillenreuth bei Muggendorf in der Fränkischen Schweiz (Bayern), der 1794 von Johann Christian Rosenmüller (1771–1820) als Höhlenbär (Ursus spelaeus) wissenschaftlich beschrieben wurde.

Heutiger Braunbär (Ursus arctos) im Tiergarten Nürnberg

Heutige Hyäne im Leipziger Zoo. Im Eiszeitalter leben auch in Deutschland noch Höhlenhyänen (Crocuta crocuta spelaea).

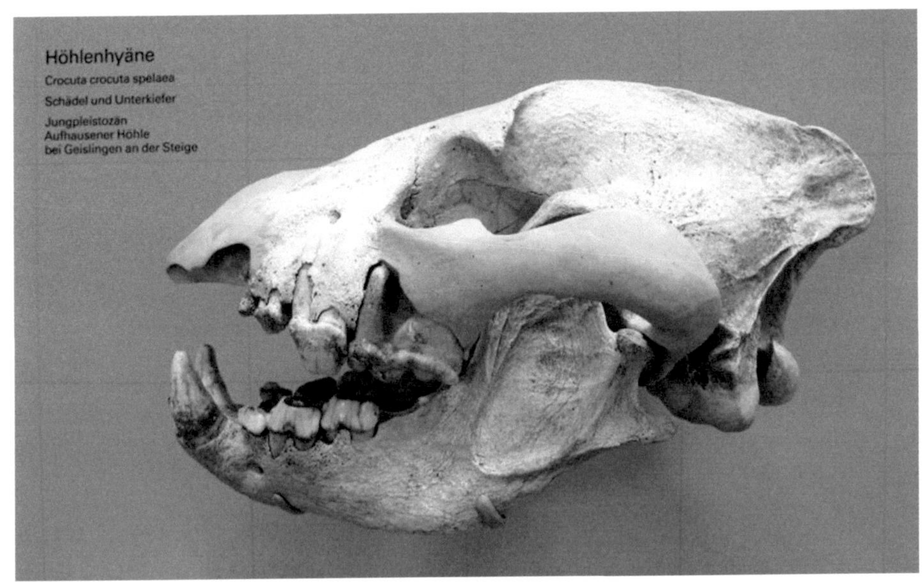

Schädel einer Höhlenhyäne (Crocuta crocuta spelaea) aus der Aufhausener Höhle bei Geislingen an der Steige. Original im Staatlichen Museum für Naturkunde in Stuttgart

71

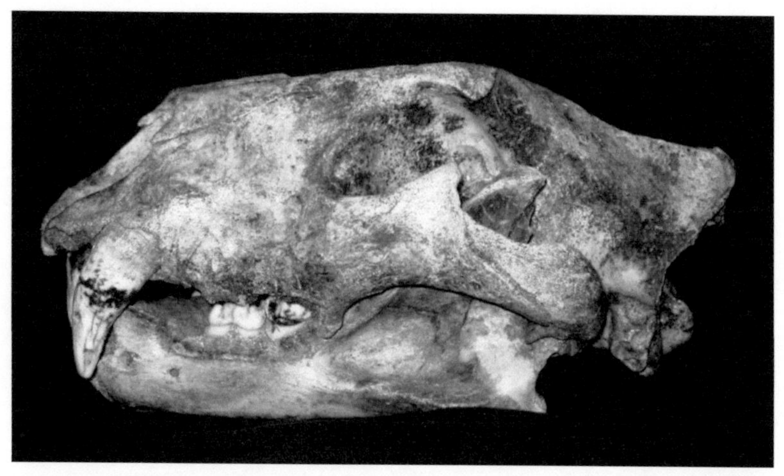

Schädel eines Höhlenlöwen (Panthera leo spelaea) aus der Gentnerhöhle von Weidelwang bei Pegnitz in Oberfranken. Original im Geozentrum Nordbayern, Fachgruppe PalaeoUmwelt, Erlangen (früher Institut für Paläontologie der Universität Erlangen

Höhlenlöwe mit Beutetier. Gemälde von Heinrich Harder

*Vor etwa 42.000 bis 35.000 Jahren entstanden
die ältesten Löwenspuren Europas von Bottrop-Welheim*

Neandertal bei Düsseldorf-Mettmann im 19. Jahrhundert

Neandertaler bei der lebensgefährlichen Jagd auf Höhlenbären

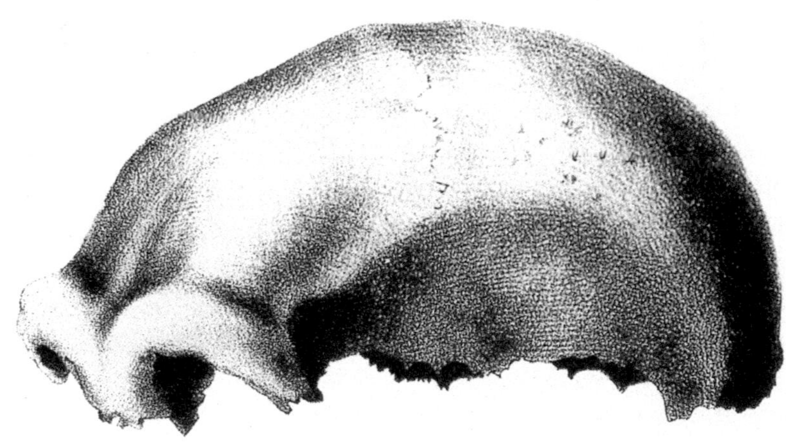

Neandertaler-Schädel aus dem Neandertal bei Düsseldorf-Mettmann

Die kalte Zeit vor etwa 13.800 bis 13.600 Jahren vor heute wird Älteste Dryas oder Älteste Tundrenzeit genannt. Typische Pflanzen der damaligen Zwergstrauch-Tundren waren die Silberwurz *(Dryas octopetala)*, nur 30 Zentimeter hohe Zwergbirken, Zwergweiden, Heidekraut und Alpenazaleen. Wildpferde und Rentiere traten im Spätglazial in Deutschland in großen Herden auf. Sie waren das bevorzugte Wild der damaligen Jäger.

Im Bölling-Interstadial vor etwa 13.600 bis 13.500 Jahren war es so warm, dass die Gletscher weit zurückwichen. Nun konnten sich Wacholder, Sanddorn und Zwergbirken ausbreiten. Später kamen sogar hohe Birken dazu. Der darauffolgende kurze Klimarückschlag vor etwa 13.500 bis 13.300 Jahren wird Ältere Dryas oder Ältere Tundrenzeit genannt. Ihr schloss sich das Alleröd-Interstadial vor etwa 13.300 bis 12.700 Jahren an, die lichte Birkenwälder und später geschlossene Kiefernwälder hervorbrachte. Im Alleröd verschwanden in Deutschland die Huftierherden. Nun gab es vor allem Hirsche und Elche.

Noch einmal kam es zu einem Kälterückschlag von etwa 12.700 bis 11.700 Jahren vor heute, der als Jüngere Tundrenzeit oder Jüngere Dryas bezeichnet wird. Als es gegen Ende des Spätglazials wärmer wurde, erloschen in Deutschland die Bestände der Höhlenhyänen. Diese Tiere konnten sich nur in Afrika behaupten. Auch die Höhlenlöwen, Mammute, Fellnashörner und Steppenwisente mit Hornzapfen bis zu 1,20 Meter verschwanden.

Im Spätglazial lebten schätzungsweise nicht mehr als 2.000 Menschen in Deutschland. Die damalige Erdbevölkerung dürfte die Kopfzahl von 1,5 Millionen Menschen wohl kaum überschritten haben.

Heutiger Elch in Alaska (USA).
Im Alleröd vor etwa vor etwa 13.300 bis 12.700 Jahren
lebten solche Tiere auch in Deutschland.

In Süddeutschland ist die Würm-Eiszeit die letzte Eiszeit des Pleistozän. Die Würm-Eiszeit wurde durch Albrecht Penck und Eduard Brücker nach der Würm, einem Nebenfluss der Amper, benannt. Auch die Würm-Eiszeit wird in Früh-, Hoch- und Spätglazial gegliedert. Überreste bis zu 30 Zentimeter dicker Fichtenstämme aus Rheinschottern zwischen Heidelberg und Mannheim geben Hinweise darauf, dass im Frühglazial zeitweise das Klima so gemäßigt war, dass Nadelwälder entstehen konnten. Aus dieser Zeit stammen die Schieferkohlen des Alpenvorlandes, die viele Fichten- und Kiefernzapfen enthalten. Andererseits gab es im Frühglazial auch ausgeprägte Kaltzeiten.

Ein gemäßigt warmes Klima mit deutlicher Tendenz zur Abkühlung herrschte beispielsweise zu Lebzeiten jener Tierwelt, deren Reste in der Zoolithenhöhle von Burggaillenreuth bei Muggendorf in der Fränkischen Schweiz (Oberfranken) ausgegraben wurden. Zu dieser Fauna aus dem Frühglazial des Würm gehörten neben dem häufig vertretenen Höhlenbären auch Vielfraß, Luchs, Höhlenlöwe und angeblich Schnee-Leopard.

Im letzten Viertel der Würm-Eiszeit traten in Deutschland die ersten modernen Menschen der Unterart *Homo sapiens sapiens* auf, die heute allein weltweit verbreitet ist. Der eiszeitliche Mensch unterschied sich körperlich nicht mehr von uns. Er brachte im Jungpaläolithikum vor etwa 35.000 bis 10.000 Jahren eine grandiose Jägerkultur hervor, erlegte Mammute, Wildpferde und Rentiere und hinterließ in Höhlen formvollendete aus Mammutelfenbein geschnitzte Tier- und Menschenfiguren. Die in den baden-württembergischen Höhlen Vogelherd, Hohlenstein-Stadel und Geißenklösterle entdeckten Figuren aus der Zeit vor etwa 32.000 Jahren gehören zu den ältesten und schönsten Kunstwerken der Menschheitsgeschichte.

Im Hochglazial vor etwa 24.000 bis 14.500 Jahren näherten sich die alpinen und nordischen Gletscher bis auf etwa 600 Kilometer

Bild oben: Eingang zur Zoolithenhöhle von Burggaillenreuth bei Muggendorf in der Fränkischen Schweiz (Bayern) zu Beginn der 1870-er Jahre. Die Zoolithenhöhle ist ein berühmter Fundort von Höhlenbären, Höhlenlöwen und Höhlenhyänen. Bild unten: Zeichnung des Schädels aus der Zoolithenhöhle, nach dem 1810 der Höhlenlöwe (Panthera leo spelaea) erstmals wissenschaftlich beschrieben wurde.

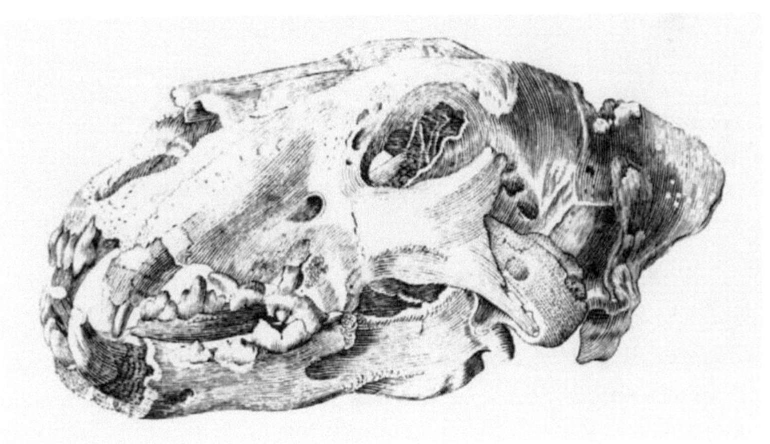

Früher Jetztmensch (Homo sapiens sapiens) vor etwa 32.000 Jahren beim Schnitzen eines „Löwenmenschen", wie er in der Höhle Hohlenstein-Stadel bei Asselfingen (Alb-Donau-Kreis) in Baden-Württemberg entdeckt wurde.

Rentierjagd im Eiszeitalter vor mehr als 12.000 Jahren in Süddeutschland. Rentiere und Wildpferde waren die wichtigsten Jagdtiere der damaligen Menschen. Gemälde von Fritz Wendler aus dem Buch „Deutschland in der Steinzeit" (1991) von Ernst Probst

Distanz. Nordöstlich von Süddeutschland lagen die Binneneisfelder Sachsens. Im Süden war das Alpenvorland mit Ausnahme weniger eisfreier Gebiete vom Bodensee bis nach Salzburg mit Gletschereis bedeckt. Einige Gletscher bestanden in den Alpentälern aus bis zu 1.500 Meter mächtigem Eis. Die Eismächtigkeit nahm im Vorland rasch auf 800 bis 500 Meter ab. Die Alpengletscher stießen im Würm bis Bad Schussenried in Oberschwaben, Kaufbeuren, Fürstenfeldbruck, Starnberg, Seeshaupt, über Wasserburg hinaus sowie fast bis nach Burghausen an der Salzach vor. Im Schwarzwald waren im Hochglazial Blauen, Belchen, Schauinsland, Feldberg, Kandel und Ruhrhardsberg vereist. Von diesen Bergen gingen bis zu 20 Kilometer reichende Gletschervorstöße aus. Der Titisee im Schwarzwald ist ein Gletschersee aus dieser Zeit.

Die Schneefallgrenze in Süddeutschland lag im Würm etwa bei 1.200 bis 1.500 Metern. Das ist etwa 1.500 Meter tiefer, als es jetzt der Fall ist. Die Waldgrenze – also die Höhe, bis zu der sich Wald behaupten kann – lag unter dem Meeresspiegel. Heute reicht sie bis in etwa 1.600 Meter Höhe, in Föhngebieten sogar bis 1.800 Meter Höhe. Der Boden war in allen vier Jahreszeiten mehrere Meter tief gefroren. Im Sommer taute er nur oberflächlich auf. Über der „Ewigen Gefrornis" – auch Permafrost genannt – behauptete sich eine klimatisch anspruchslose Tundren-vegetation. In einigen Gebieten Sibiriens und Alaskas reicht der Permafrost heute noch bis in mehr als 500 Meter Tiefe. Ehemaliger Dauerfrostboden lässt sich durch so genannte Eiskeile nachweisen. Das sind nach unten spitz zulaufende, keilförmige Spalten, die jetzt nicht mehr mit Eis, sondern mit Löss und Lehm gefüllt sind.

In dem eisfreien Korridor zwischen Sachsen und dem Alpenvorland wuchsen keine Bäume, sondern nur niedrige Sträucher. Auf den Grasfluren gediehen lediglich Gräser,

Wegeriche, Sonnenröschen und in den kältesten Abschnitten auch Gänsefuß, Hahnenfuß und Kreuzblütler. In dieser Flora weideten die kältegewohnten Mammute und Fellnashörner.

Der Zerfall des Eises im Alpenvorland setzte bereits im ausgehenden Hochglazial ein. Er beschleunigte sich zu Beginn des Spätglazials, das – wie erwähnt – etwa von 14.500 bis 11.700 Jahren währte. Bei ihrem Rückzug im Spätglazial hinterließen die Alpengletscher tiefe Bewegungsbahnen und Zungenbecken. Als sich diese Vertiefungen mit Wasser füllten, entstanden der Bodensee, Ammersee, Starnberger See, Kochelsee, Tegernsee und Tachinger See. Bei Rosenheim existierte ein riesiger See, der in mehreren Phasen auslief, als der Rand bei Wasserburg durch allmähliche Eintiefung an der Überlaufstelle durchbrochen wurde.

Ein eindrucksvolles geologisches Zeugnis des Rückzuges von Ammer-, Isar- und Inngletscher sind die riesigen Kiesvorkommen der so genannten Schiefen Ebene von München. Sie erstecken sich im Süden in einer Breite von etwa 60 Kilometern auf der Linie Weyarn–Gauting–Fürstenfeldbruck und reichen im Norden bis zum rund 60 Kilometer entfernten Moosburg. Im Süden sind die Kiesschichten bis zu 100 Meter mächtig, im Norden dagegen weniger als 10 Meter. Die Verbreitung dieser Kiese entspricht einem gleichschenkeligen Dreieck, dessen Spitze bei Moosburg liegt. Vom Inngletscher stammen die Findlinge im Gletschergarten von Haag bei Ebersberg. Es handelt sich um Gesteine vom etwa 200 Kilometer entfernten Zentralalpenkamm.

Fossilreste aus den Schottern der Niederterrasse bei Köln verweisen darauf, dass vor etwa 15.000 Jahren langsam schwimmende Glattwale im Rhein bis in die Niederrheinische Bucht vordrangen. Das Vorkommen der wegen ihrer dicken Speckschicht an die Polarmeere gebundenen Glattwale am Rhein lässt auf Temperaturverhältnisse in diesem Fluss schließen, die denen heutiger arktischer Gewässer glichen. Andernfalls wären die Glattwale mit einer 30 oder mehr Zentimeter dicken isolierenden Schicht an einer Überhöhung der Körpertemperatur durch Überforderung des körpereigenen Reglerkreises zugrunde gegangen.

Wie die Steppenflora vor etwa 13.000 Jahren in der Alleröd-Zeit ausgesehen haben kann, zeigt heute noch sehr eindrucksvoll das Naturschutzgebiet Mainzer Sand zwischen den Mainzer Stadtteilen Mombach und Gonsenheim. Auf dem welligen Dünengelände mit würm-eiszeitlichen Flugsanden kann man im Frühling die dunkelviolette blühende Gemeine Küchenschelle (*Pulsatilla vulgaris*) und die sehr selten gewordene Violette Schwarzwurzel (*Scorzonera purpurea*) mit ihren hellvioletten Schaublüten beobachten. Als besondere Rarität und Charakterpflanze des Mainzer Sandes gilt die Sand-Lotwurz (*Onosoma arenarium*), die sonst nirgendwo in Deutschland mehr wächst. Die Flora des Mainzer Sandes beherbergt Pflanzen der russischen Tundra (sarmantisches Gebiet), der Steppen Russlands und Ungarns (pontisch-pannonisches Gebiet). Zwischen Eberstadt und Bickenbach bei Darmstadt blieb in bescheidenerem Maße eine ähnliche, aber an Steppenpflanzen weitaus ärmere Pflanzenwelt erhalten.

Im Alleröd explodierte der Laacher-See-Vulkan in der Osteifel. Dabei wurde das Neuwieder Becken unter einer mehrere Meter mächtigen Bimsschicht begraben. In den verschütteten Wäldern des Neuwieder Beckens hatten vor allem Birken gestanden. Der verheerende Vulkanausbruch wirkte sich noch bis in die Schweiz nachteilig auf das Wachstum der Pflanzen aus. So gibt das Baumwachstum von Dättnau bei Winterthur Hinweise darauf, dass diese Naturkatastrophe vor rund 12.900 Jahren stattfand. Damals wurden feinste Bimskörnchen und vulkanische Aschen

Violette Schwarzwurzel (Scorzonera purpurea)

Sand-Lotwurz (Onosoma arenarium)

bis ins Allgäu, zum Bodensee, nach Halle/Saale in Sachsen-Anhalt und nach Polen verweht.
Als letztes eiszeitliches Produkt Bayerns gilt die „Altstadtstufe" in München. Die Aufschüttung der Schotterterrasse zwischen München und Freising fällt in die Jüngere Tundrenzeit.

Gemeine Küchenschelle (Pulsatilla vulgaris)

Wissenschaftsautor Ernst Probst

Der Autor

Ernst Probst, geboren am 20. Januar 1946 in Neunburg vorm Wald im bayerischen Regierungsbezirk Oberpfalz, ist Journalist und Buchautor. Er arbeitete von 1968 bis 1971 als Volontär und Redakteur bei den „Nürnberger Nachrichten", von 1971 bis 1973 in der Zentralredaktion des „Ring Nordbayerischer Tageszeitungen" in Bayreuth und von 1973 bis 2001 bei der „Allgemeinen Zeitung", Mainz. Von 2001 bis 2006 war er zunächst als Buchverleger und später auch als Fossilien- und Antiquitätenhändler aktiv.

In seiner Freizeit schrieb Ernst Probst vor allem populärwissenschaftliche Artikel für die „Frankfurter Allgemeine Zeitung", „Süddeutsche Zeitung", „Die Welt", „Frankfurter Rundschau", „Neue Zürcher Zeitung", „Tages-Anzeiger", Zürich, „Salzburger Nachrichten", „Oberösterreichische Nachrichten", Linz, „Die Zeit", „Rheinischer Merkur", „Deutsches Allgemeines Sonntagsblatt", „bild der wissenschaft", „kosmos", „Deutsche Presse-Agentur" (dpa), „Associated Press" (AP) und den „Deutschen Forschungsdienst" (df).

Aus der Feder von Ernst Probst stammen zahlreiche Beiträge der Buchreihe „Geschichten, die die Forschung schreibt" sowie die Bücher „Deutschland in der Urzeit" (1986), „Deutschland in der Steinzeit" (1991), „Rekorde der Urzeit" (1992), „Dinosaurier in Deutschland" (1993 zusammen mit Raymund Windolf) und „Deutschland in der Bronzezeit" (1996).

2001 veröffentlichte Ernst Probst eine 14-bändige Taschenbuchreihe mit Biografien über berühmte Frauen („Superfrauen"). Insgesamt publizierte er mehr als 30 Bücher, darunter „Königinnen der Lüfte", „Königinnen des Tanzes", „Superfrauen aus dem Wilden Westen", „Der Schwarze Peter. Ein Räuber im Hunsrück und Odenwald", „Monstern auf der Spur.

Wie die Sagen über Drachen, Riesen und Einhörner entstanden"
und „Nessie. Das Monsterbuch".
Zusammen mit seiner Ehefrau Doris gab Ernst Probst die Titel
„Der Ball ist ein Sauhund. Weisheiten und Torheiten über
Fußball" sowie „Worte sind wie Waffen. Weisheiten und
Torheiten über die Medien" heraus. Gemeinsam mit seiner
Tochter Sonja war er Herausgeber des Titels „Meine Worte sind
wie die Sterne. Die Rede des Häuptlings Seattle und andere
indianische Weisheiten".
In Teamarbeit mit dem Paläontologen Dr. Jens Lorenz Franzen
(früher Forschungsinstitut Senckenberg in Frankfurt am Main)
aus Titisee-Neustadt und Altbürgermeister Heiner Roos aus
Eppelsheim veröffentlichte Ernst Probst den Museumsführer
„Das Dinotherium-Museum in Eppelsheim".
2009 erschienen die Taschenbücher „Der Ur-Rhein. Rhein-
hessen vor zehn Millionen Jahren", „Höhlenlöwen. Raubkatzen
im Eiszeitalter" und „Säbelzahnkatzen. Von Machairodus bis zu
Smilodon" von Ernst Probst. 2010 folgten „Elisabeth I. Tudor.
Die jungfräuliche Königin", „Maria Stuart. Schottlands tragische
Königin", „Machbuba. Die Sklavin und der Fürst", „Der Mos-
bacher Löwe" und „Der Rhein-Elefant".

Bildquellen

Archiv Forschungsstation für Quartärpaläontologie der Senckenbergischen Naturforschenden Gesellschaft, Weimar: 23

Archiv Friedrich-Schiller-Universität Jena: 49

Remie Bakker, Bildhauer, Rotterdam: 53 unten

Bayerisches Geologisches Landesamt, München: 20

Rene Bleuanus, Bleudesign, Gorinchem (Niederlande): 43

Donna Dewhurst Collection, Alaska (USA): 77

Heinrich Harder (1858–1935), Gemälde zur Illustration von 30 Sammelkarten mit dem Titel „Tiere der Urwelt" um 1920: 47 oben, 47 unten, 53 oben, 72 unten

Ulrich H. J. Heidtke, Niederkirchen (Pfalz): 42 oben, 42 unten

Suzanne Hein-Hoffmann, Frankfurt am Main: 70

Dr. Brigitte Hilpert, Geozentrum Nordbayern, Fachgruppe PaläoUmwelt, Erlangen: 72 oben

Landesamt für Denkmalpflege Hessen, Abteilung Archäologie und Paläontologie, Schloss Biebrich, Wiesbaden: 35 oben, 35 unten, 39 unten

Naturhistorisches Museum Mainz / Landessammlung für Naturkunde Rheinland-Pfalz: 36, 37 unten, 38 oben, 38 unten, 39 oben

Dominique Pipet, Vitrolles (Frankreich): 27

Pixelio, Bilderdatendank für lizenzfreie Fotos (www.pixelio.de), Pixelio-Mitglied Wolfgang Arndt, Zeithain: 63 oben, 63 unten

Mitglied Jochen Zapfe, Berlin: 44 unten

Ernst Probst, Mainz-Kostheim: 88 (Foto: Klaus Benz, Mainz-Laubenheim)

Quadrat Bottrop, Museum für Ur- und Ortsgeschichte (Foto: Hagen Schulz-Hanke): 73

Reproduktion aus: ABEL, Othenio: Die vorzeitlichen Säugetiere, Jena 1914: 58

Reproduktion aus: BÖLSCHE, Wilhelm: Entwicklungsgeschichte der Natur, Band 2, Berlin 1896: 68

Reproduktion aus: ESPER, Johann Friedrich: Ausführliche Nachricht von neuentdeckten Zoolithen unbekannter vierfüsiger Thiere, und denen sie enthaltenden, so wie verschiedenen anderen, denkwürdigen Grüften der Obergebürgischen Lande des Markgrafenthums Bayreuth, Nürnberg 1774: 79 oben

Reproduktion aus FUHLROTT, Carl: Menschliche Ueberreste aus einer Felsengrotte des Düsselthals. Ein Beitrag zur Frage über die Existenz fossiler Menschen. Verhandlungen des naturhistorischen Vereins der preussischen Rheinlande und Westfalens, Bonn 1859: 75 unten

Reproduktion aus: GOLDFUSS, Georg August: Die Umgebungen von Muggendorf, Erlangen 1810: 79 unten

Reproduktion aus: OSBORN, Henry Fairfield: Men of the Old Stone Age, 1916: 52 unten

Reproduktionen aus: PROBST, Ernst: Deutschland in der Urzeit, München 1986:

40, 41 (Gemälde von Fritz Wendler. Obergotzing),

65 (Karte von Adolf Böhm, Aschheim)

Reproduktionen aus: PROBST, Ernst: Deutschland in der Steinzeit, München 1991:

81 (Gemälde von Fritz Wendler),

45, 55 oben, 55 unten, 75 oben, 80 (Zeichnungen von Fritz Wendler)

Reproduktion aus: Wanderungen zur Neandershöhle – Eine topographische Skizze von Erkrath an der Düssel, Düsseldorf 1835: 74

Reproduktion einer Radierung: 11

Reproduktionen eines Fotos: 8, 10, 12, 30, 31, 62

Reproduktion eines Gemäldes von Gottlieb Biermann (1824-
1908) aus dem Jahre 1887, das Biermann nach einem Gemälde
von Christian Albrecht Jensen schuf: 15
Pavel Riha, Budejovice (Tschechien): 54
Dr. Wilfried Rosendahl, Kurator, Reiss-Museen Mannheim: 37
oben, 69 oben
Miron Seffzek, Urzeitshop (www.urzeitshop.de), Duvensee.
24, 25
Staatliches Museum für Naturkunde, Karlsruhe: 44 oben
Staatliches Museum für Naturkunde, Stuttgart: 71
U.S. Geological Survey: Richard Reading: 64
Verschönerungs- und Verkehrsverein Biebrich am Rhein e. V.
/ Heimatmuseum Biebrich: 33, 34 oben, 34 unten
Formax/CC-BY-SA3.0: 86 (via Wikimedia Commons),
lizensiert unter CreativeCommons-Lizenz by-sa-3.0-de
http://creativecommons.org/licenses/by-sa/3.0/legalcode
Iolaire/CC-BY-SA2.0: 52 oben (via Wikimedia Commons),
lizensiert unter CreativeCommons-Lizenz by-sa-2.0-de
http://creativecommons.org/licenses/by-sa/2.0/legalcode
M. Klüber Fotografie (Mg-k) www.m-klueber.de/CC-BY-
SA3.0: 87 (via Wikimedia Commons), lizensiert unter
CreativeCommons-Lizenz by-sa-3.0-de
http://creativecommons.org/licenses/by-sa/3.0/legalcode
J. S. Schuhmacher (Pfeidayelise/4by3splitab): 69 unten (via
Wikimedia Commons), Lizenz: gemeinfrei
Kurt Stueber http://caliban.mpiz-koeln.mpg.de/mavica/
index.html/CC-BY-SA3.0: 85 (via Wikimedia Commons),
lizensiert unter CreativeCommons-Lizenz by-sa-3.0-de
http://creativecommons.org/licenses/by-sa/3.0/legalcode
Frank Wouters, Antwerpen (Belgien): 26